AF341082

Mémoire

sur

La Pêche de la Baleine.

MÉMOIRE

SUR LA

PÊCHE DE LA BALEINE,

CONSIDÉRÉE COMME INDUSTRIE MARITIME

(NOUVELLE POUR LE PORT DE NANTES)

LU LE 3 JUIN 1824,

EN SÉANCE GÉNÉRALE DE LA SOCIÉTÉ ACADÉMIQUE

DU DÉPARTEMENT DE LA LOIRE-INFÉRIEURE,

PAR M. THOMINE, PRÉSIDENT.

A NANTES,

DE L'IMPRIMERIE DE MELLINET-MALASSIS.

1824.

MÉMOIRE

LA PÊCHE DE LA BALEINE.

L'Agriculture, l'industrie et le commerce ont ensemble des relations si intimes, qu'on ne peut s'occuper d'un de ces trois leviers de toute prospérité publique et particulière, sans s'occuper en même tems des deux autres. C'est par le commerce des villes que prospère le travail des campagnes ; et c'est par le travail des campagnes que l'industrie et le commerce prospèrent dans les villes ; en sorte que tous trois se ressentent avec plus ou moins d'avantages, plus ou moins de préjudice des biens et des maux qui ont affecté l'un deux. C'est dans le cercle tracé par l'agriculture, l'industrie et le commerce que se trouvent compris tous les travaux essentiellement utiles à l'homme, et c'est là conséquemment que se portent de préférence les sentimens d'estime et de reconnaissance les plus justement mérités.

Il existe entre ces trois membres d'une même famille, et particulièrement entre l'industrie et le commerce, des rapports tels que souvent on n'est pas assuré du point où l'une finit et où l'autre commence. Une branche qui croît sur l'arbre de l'industrie, en fait croître ordinairement une autre sur l'arbre du commerce, et réciproquement. C'est ainsi que chaque partie d'un grand tout se lie et se coordonne dans l'ensemble général.

La pêche de la baleine, considérée soit comme nouvelle branche de commerce, soit comme industrie nouvelle pour notre port, est un événement devenu assez marquant sur cette place, pour que j'aie pu espérer de vous être agréable en vous communiquant ce qu'il m'a été possible de recueillir d'exact et de positif à cet égard : d'ailleurs, vous entretenir d'objets tendant à accroître le bien-être de l'homme laborieux, n'est-ce pas marcher vers le but même de votre institution ? N'est-ce pas, du moins, entrer dans les nobles voies que vous aimez de préférence à parcourir ?

Tout le monde connait la baleine, proprement dite. Ce colosse vivant, dont les dimensions sont effrayantes lorsque rien n'a manqué à son entier développement, doit être et est en effet le plus grand de tous les animaux connus. Son histoire naturelle, long-tems incomplète et enveloppée des ténèbres de l'ignorance, a été récemment écrite par M. de Lacépède, qui a porté le flambeau de la plus vive lumière dans l'histoire des cétacées et l'a dégagée des rêveries merveilleuses qui trop long-tems l'avaient obscurcie.

Beaucoup de siècles se sont écoulés avant que l'homme ait osé attaquer ce monstrueux animal. Du tems de Job, on regardait comme impossible d'arriver jamais à ce haut degré de témérité. Job lui-même, voulant marquer les limites de la puissance de l'homme, emploie comme argument sans réplique la disproportion de ses forces comparées à celles de la baleine. « L'enlèveras-tu, dit-il, avec ta ligne et ton hameçon ? La couperastu par quartiers ? Des morceaux de baleine feront-ils jamais partie des objets dont tu trafiques ? »

Mais (a dit Plutarque) *nihil satis munitum adversus animosos*. Ce qui, du tems de Job, passait pour impossible, est, plus tard, devenu fréquent.

Pline parle d'une baleine qui, étant échouée au port d'Ostie, y fut tuée à coups de dards par les archers de la garde prétorienne. Il parle aussi, mais d'après Juba, roi de Mauritanie, de quelques autres baleines qui avaient échoué dans un fleuve d'Arcadie et dont les marchands employaient la graisse pour frotter leurs chameaux ; et par-là, éloigner d'eux les taons et les grosses mouches qui, toutes, ont en aversion l'odeur de cette graisse. Plutarque dit en avoir vu une dans l'île d'Ancire, mais morte et en état de putréfaction complète. Tout ce que les anciens nous disent de ce grand cétacé fait penser que, de leur tems, l'homme, témérairement industrieux, n'avait pas encore tenté de lui faire la guerre pour s'approprier sa dépouille.

Il était réservé aux Basques de trouver, dans cette énorme masse animée, des produits utiles et souvent renouvelés. Ils osèrent rechercher la baleine, la poursuivre, l'attaquer : ils s'en rendirent maîtres, en firent habituellement la pêche, l'enseignèrent aux Hollandais, et y encouragèrent, par leur exemple, toutes les nations maritimes : d'où il suit que cette industrie est incontestablement d'origine française. Au reste, depuis la baleine franche et le cachalot, jusqu'au soufleur et au dauphin, on compte quinze à vingt espèces de baleines différentes, de volume plus ou moins considérable et qui toutes font l'objet de la pêche dont je parle.

Les Basques la pratiquèrent long-tems, d'abord sur

leurs côtes , puis dans la mer glaciale et le long des côtes du Groënland. Ils allèrent ensuite rechercher les baleines dans le détroit de Davis. Bientôt ces géants des mers , disparaissant des différens parages où on les inquiétait , les Basques cherchèrent à découvrir leur retraite : c'est dans le cours de ces recherches qu'ils parvinrent aux îles de Terre-Neuve , dont les mers leur parurent si abondantes en morues que quelques uns d'eux se livrèrent de préférence à la pêche de ce dernier poisson.

Ce nouvel appât , joint à ce que la protection et les encouragemens donnés d'abord par notre gouvernement pour la pêche de la baleine diminuèrent successivement et terminèrent par cesser tout à fait , éloigna peu à peu les Basques d'une carrière qu'ils avaient si honorablement ouverte. Le Hollandais , qui s'était mis en concurrence avec eux, continua d'être protégé par sa patiente administration. L'Anglais, avide et prévoyant , voulant également prendre part à cette pêche, donna des primes à ses pêcheurs et les augmenta à mesure que toute protection cessait pour les nôtres : de sorte que nos compatriotes, ne pouvant plus se soutenir sur aucun marché, abandonnèrent définitivement une industrie qu'ils n'avaient due qu'à leur hardiesse et à leur habileté.

Quand les Basques se furent retirés de la pêche de la baleine , les Hollandais s'y livrèrent plus activement que jamais : elle devint pour eux l'objet d'un commerce si considérable que , indépendamment de ce qu'ils faisaient avec les autres nations , ils introduisaient en France chaque année plus de dix mille barils d'huile de baleine et un grand nombre de caisses de savon, alors fabriqué chez eux avec la même sorte d'huile. Pendant long-tems ils y employèrent trois à quatre cents navires ; j'ignore ce qu'ils en emploient aujourd'hui.

Les Suédois, les Danois, les Hambourgeois concoururent à l'envi pour la pêche de la baleine, chacun de leur côté ; mais les sages habitans de la Hollande l'ont toujours pratiquée avec autant d'ardeur que lorsqu'ils étaient à peu près seuls en possession de la faire. C'est par cette persévérance, tant dans la pêche de la baleine que dans celle des harengs, qu'ils ont beaucoup augmenté la richesse de leur pays et la puissance de leur marine militaire.

Presque toutes les nations s'occupent aujourd'hui de cette pêche, principalement les Anglais et les Américains des Etats-Unis. La France, de qui toutes l'avaient apprise, la seule France peut-être, était, depuis plus d'un siècle, privée des avantages qu'elle procure.

En 1785, puis en 1786, des encouragemens furent offerts aux armateurs français, qui rétabliraient la pêche de la baleine au profit de l'industrie maritime du royaume. Ces encouragemens furent confirmés par une loi du 27 mai 1792, puis renouvelés par les arrêtés des 9 nivose et 17 prairial an 10. Une ordonnance du Roi, en date du 8 février 1816, reproduisit ces mêmes encouragemens qui furent ensuite confirmés, modifiés et augmentés par une autre ordonnance du roi, sous la date du 14 février 1819.

Il convient de mettre sous vos yeux quelques-unes des dispositions de cette dernière ordonnance (1).

---

(1) On trouve, chez M. Forest, imprimeur-libraire près la Bourse, à Nantes, une brochure contenant les ordonnances du roi, relatives à la pêche de la baleine et à celle de la morue.

Elle dit :

« Article 5. La prime accordée aux armateurs français part l'art. 1.er de la présente ordonnance, pour tout navire expédié des ports du royaume à la pêche de la baleine sera :

» 1.º De 40 francs par tonneau, lorsque, le navire étant étranger, l'équipage sera composé par moitié de marins français et étrangers et que l'un des deux premiers officiers de l'expédition sera français.

» 2.º De 50 francs par tonneau, lorsque, le navire étant français ou étranger, l'équipage sera composé de deux tiers de marins français et d'un tiers de marins étrangers, et que le capitaine de l'expédition sera français.

» 3.º De 60 francs par tonneau, lorsque le navire sera construit et équipé en France, que l'équipage sera en entier composé de marins français et que les bateaux, lignes, ustensiles et instrumens nécessaires auront été entièrement fabriqués en France.

» Article 6. Pour tout navire qui, ayant doublé le cap Horn ou franchi le détroit de Magellan, aurait fait ladite pêche dans l'Océan Pacifique, et rentrerait dans un port français chargé des produits de sa pêche après une navigation de plus de seize mois et de moins de vingt-six, l'armateur qui l'aura expédié recevra, au retour dudit navire, une seconde prime égale à celle qui lui aura été allouée au départ, en conformité de l'article précédent. »

D'autres articles de cette même ordonnance établissent des avantages particuliers pour les matelots, pour le harponneur, pour le timonier, pour les loveurs de lignes de chacune des chaloupes baleinières, etc.

On voit, par ces divers réglemens, quelle était la sollicitude du gouvernement et quelle était la tâche à remplir pour parvenir au point désiré.

Nous allons voir maintenant quels efforts ont été faits, de la part du commerce de Nantes , quels succès ont été obtenus , et quel degré d'espérance on peut raisonnablement avoir que la pêche de la baleine ne sera pas abandonnée dans ce port.

Si , considérant les choses d'une manière plus générale , j'entreprenais d'établir ce qui s'est fait par rapport à cette pêche dans toute l'étendue du royaume , je rechercherais quel est celui de nos ports qui , depuis ces derniers tems a , le premier , mis en mer un navire baleinier , et peut-être trouverais-je que Dunkerque , Nantes , le Hâvre-de-Grâce et probablement d'autres ports encore , ont agi à peu près simultanément , ou ne se sont devancés l'un l'autre que de fort peu de tems. Au lieu de cette recherche , qui n'est pas de mon plan , j'aime mieux rappeler la remarque faite depuis long-tems que le commerce de France possède éminemment et conserve avec persévérance cette heureuse disposition qui porte aux spéculations utiles à la patrie. Dans quelques-unes de nos villes commerçantes , dans la plupart de nos places maritimes , il se trouve des négocians très-riches , dont une partie des entreprises a pour but autant l'avantage de leurs co-habitans et les intérêts de leurs concitoyens que l'accroissement de leur propre fortune. Cette vérité , contestée par l'égoïsme qui ne peut la comprendre , n'est bien sentie et bien connue que des hommes judicieux qui , répandus dans les classes laborieuses de la société , sont , par leur contact immédiat, à même de vérifier tous les jours et de se convaincre que tel négociant , tel manufacturier , tel agriculteur , rendent plus de services, répandent plus d'aisance et de bonheur, plus de commodités et d'abondance, chacun dans une grande circonférence du point qu'ils habitent, que ne pourraient jamais le faire et que ne l'ont jamais fait tous les opulens du monde, livrés uniquement au faste et à la magnificence. Mais je ne m'occupe ici que de la seule ville de Nantes, de l'introduction et des progrès de la pêche de la baleine, dans cette même ville, ainsi que des moyens d'y accroître ou même d'y conserver cette utile industrie.

M. Thomas Dobrée, que nous avons la satisfaction de compter parmi les membres de cette société, et qu'on doit d'ailleurs, à tant de titres, mettre au nombre des estimables négocians dont je viens de signaler le caractère honorable et bienfaisant, M. Dobrée, conduit en Angleterre aussitôt après la paix, par les affaires de sa maison de Nantes, eut occasion de remarquer combien la pêche de la baleine emploie de navires et de matelots chez cette nation insulaire. Frappé de l'importance de ses produits, il ne tarda pas à ressentir le besoin d'en procurer les avantages à sa ville natale, et bientôt il prit la résolution d'y armer pour la pêche de la baleine. La fortune de M. Dobrée, parfaitement connue dans cette ville, a acquis depuis long-tems un tel degré de consistance, qu'il faudrait être étranger à toute générosité, pour ne pas reconnaître des sentimens honorables et désintéressés dans les motifs qui l'ont porté à cette heureuse résolution.

M. Dobrée fit venir d'Angleterre les officiers, les hommes et les ustensiles nécessaires à son entreprise. Il adjoignit aux marins étrangers quelques officiers et marins français détachés de ses autres navires, et, en 1817, il expédia, pour la pêche de la baleine, son bâtiment à trois mâts *le Nantais*, sous le commandement du capitaine Winseloo. Ce fut la première expédition partie de Nantes pour cette pêche. Quatorze mois après, M. Dobrée eut l'avantage de revoir à Nantes son navire chargé du produit de vingt-sept baleines.

Il ne fallut que deux mois et demi pour le remettre en mer; et, pour ce second voyage, aucun des ustensiles venus d'Angleterre ne fut employé. Sur les modèles donnés par M. Dobrée, les harpons, les lances et autres instrumens de fer avaient été fabriqués par M. Babonneau, les lignes par M. Chalas, les chaudières par M. Mesnil, les pirogues par M. Boudet. Un plus grand nombre de Français fit partie de l'équipage, et *le Nantais* revint à Nantes, après quinze mois de mer, chargé en plein du produit de vingt-neuf baleines.

Le même navire fit un troisième voyage, y employa 18 mois, et rentra chargé du produit de trente-trois baleines. M. Dobrée ne le remit plus en mer, et le fit dépecer.

Cet armateur fit alors construire deux navires neufs, le *Triton* et l'*Océan*, chacun de 300 tonneaux et plus. Tous deux partirent bientôt, firent la pêche avec succès et revinrent entièrement chargés, le *Triton* après vingt-trois mois de mer, l'*Océan* après dix-neuf mois. Ils sont en ce port depuis environ six semaines, et vont incessamment retourner à la pêche par seconde expédition.

Les premiers voyages du *Nantais* ayant fait remarquer à M. Dobrée que les cables de chanvre s'usent très-promptement dans cette sorte de navigation, parce qu'ils sont exposés à raguer sur des fonds de corail, le long des côtes d'Afrique et sur les bancs du Brésil, ce qui met fréquemment en péril les navires et les équipages, M. Dobrée fit venir d'Angleterre des cables en fer, qui ont servi de modèles pour tous ceux qui ont été fabriqués à Nantes. C'est encore un service fort important rendu, par M. Dobrée, à la marine de ce port.

Un de nos collégues (M. Bertrand Fourmand) a ensuite perfectionné les moyens de fabrication de ces mêmes cables, et vous avez entendu à cet égard un rapport lumineux et profond, qui vous a été fait par notre collégue, M. Hérisson, au nom d'une commission nommée par vous à cet effet. M. Babonneau fils et M. Potel, chefs l'un et l'autre d'ateliers considérables, fabriquent aussi des cables en fer, et y sont parvenus, chacun de leur côté, par des moyens également simples et ingénieux (1).

Vous avez aussi entendu un rapport de notre honorable collégue, M. Rapatel, sur les feutres inventés par M. Dobrée. Les membres de la société, qui ont composé la commission dont M. Rapatel a été le rapporteur, peuvent à présent se féliciter d'avoir si bien apprécié

---

(1) Un Breton ne doit pas omettre de rappeler ici que les habitans de la Vénétie, au rapport de César (*Comment.*, lib. 3), se servaient de chaînes de fer, au lieu de cables, pour amarrer leurs ancres : *anchoræ pro funibus, ferreis catenis revinctæ.* Strabon ajoute (lib. 4), mais cette dernière assertion n'est pas généralement adoptée, que ces mêmes chaînes servaient aussi pour les voiles. C'est le cas de dire avec le proverbe :

Nil sub sole novum.

les avantages de cette invention. L'expérience a aujourd'hui à peu près confirmé tout ce qui vous a été dit à ce sujet par M. Rapatel. Les capitaines qui ont fait la pêche avec des navires doublés en feutre, ne cessent de préconiser le mérite de cette pratique : leurs livres de bord en font foi. M. Thébaud, dont j'aurai tout à l'heure à vous entretenir, et qui a commandé l'*Amélie*, dont est armateur M. Louis Levesque, notre collégue, maire de Nantes, siégeant aujourd'hui à la Chambre des Députés, M. Thébaud, dis-je, ne parle des effets du doublage en feutre qu'avec une sorte d'admiration et même d'enthousiasme. Mais, ce que vous avez peut-être ignoré, Messieurs, c'est que c'est encore la pêche de la baleine qui a donné lieu à l'invention de ce feutre dans notre ville (1).

M. Dobrée, reconnaissant que les carènes de nos navires ne présentent pas toute la solidité désirable pour des baleiniers, à cause des parages qu'ils sont appelés à fréquenter et du long espace de tems qu'ils ont à passer en mer, eut le désir de les recouvrir en feutre, ainsi que cela se pratique en Angleterre pour un grand nombre de navires, quelle que soit leur destination. A cet effet, il tâcha d'obtenir, sur les moyens de faire ce feutre, des détails qui lui furent refusés. Dès lors, il s'occupa de découvrir par lui-même ces moyens;

---

(1) On lit dans les *Us et Coutumes de la Mer*, par M. Cleirac (Bordeaux 1661), qu'autrefois, lorsqu'on prévoyait une tourmente, d'habiles marins plongeaient et ceignaient, par bas, tout le corps du navire, avec des grelins, pour lui donner plus de force à résister aux secousses. Il est possible que cet ancien usage ait donné lieu à la première invention des enveloppes de feutre.

il y parvint, obtint un brevet d'invention et fit garnir de cette manière ses navires, le *Triton* et l'*Océan*, dont j'ai parlé plus haut.

M. Louis Levesque en usa de même à l'égard de son navire *l'Amélie*, capitaine M. Thébaud, qui partit à peu près en même tems que les deux navires de M. Dobrée, fit comme eux une pêche abondante, et, comme eux, va repartir incessamment.

Il était naturel que M. Dobrée fît recouvrir ses deux navires avec les feutres qu'il venait d'inventer précisément pour les navigations à la pêche ; mais M. Levesque est le premier armateur de Nantes qui, sans aucun antécédent en France, et par les seules règles de son jugement, n'ait pas reculé devant la dépense d'une invention, nouvelle à la vérité, mais conservatrice du salut des équipages; dépense, au surplus, que j'ai entendu beaucoup exagérer, et qui pourtant ne s'élève qu'à environ 1400 fr., pour un navire de 300 tonneaux.

Messieurs, M. Dobrée, n'eut-il pour lui que le droit de priorité, devrait sans doute être considéré comme l'introducteur de cette industrie dans notre port ; mais, d'après l'exposé que je viens de vous faire, vous reconnaitrez probablement qu'il en est en quelque sorte le créateur ; que, par l'introduction des cables en fer, il a diminué les dangers auxquels expose plus particulièrement la nature de cette industrie ; et que, par son invention des feutres à doublages, il a procuré des avantages considérables pour toute sorte de navigation.

Ce serait sortir de mon plan que de vous présenter ici M. Dobrée faisant des expéditions en Chine et aux Iles Philippines, dans l'objet principal de répondre aux vues de notre ministère et de procurer à la France des relations commerciales avec ces pays éloignés : quelqu'envie que j'en aie, je ne m'arrêterai même pas à rendre honneur à cet estimable négociant, comme il serait juste de le faire eu égard à la pêche de la baleine, parce que je sais à quelles personnes j'ai l'avantage de parler, et qu'il me suffit de vous avoir dit les faits pour être assuré que les conséquences qui en résultent n'échapperont.à aucun des membres qui composent cette assemblée.

Mais, Messieurs, l'exemple donné à Nantes, en 1817, par M. Thomas Dobrée, ne tarda pas à être suivi par d'autres armateurs du premier ordre. Dès le commencement de l'année 1818, M. James Dupuis expédia aussi pour la pêche de la baleine, et, dans le cours de cette même année, il eut trois navires en mer à cette destination : *l'Océan*, *l'Éléphant-de-Mer* et *le Léandre*.

L'Océan ne put effectuer son retour en France, et fut vendu à Valparaiso. Les deux autres revinrent, puis ils firent un second voyage. M. Dupuis leur ajouta le brick *l'Adèle et Marie*, et il eut, pour la seconde fois, trois navires livrés en même tems à la pêche de la baleine. *L'Adèle et Marie* avait pour objet particulier la pêche (ou peut-être la chasse) de l'éléphant de mer, robuste amphibie placé par Anderson au rang des cétacées, à raison de sa grandeur. C'est le Behemoth de Job, la vache marine des naturalistes.

Ces trois navires partirent de ce port avec des équipages entièrement composés de marins français, d'où il résulte que M. Dupuis est l'armateur de Nantes qui, le premier, ait satisfait à cette partie des invitations du ministère, exprimées dans l'ordonnance dont j'ai, plus haut, mis quelques dispositions sous vos yeux; le

BIBLIOTHEQUE

Léandre, faisant partie de cette expédition, était commandé par M. Thébaud.

M. Dupuis expédia une troisième fois ces trois derniers navires, mais aucun d'eux ne revint en France. *L'Eléphant-de-Mer* (alors sous le nom de la *Victoire*) fut vendu à Rio Janeiro; M. Thébaud qui, pour la seconde fois, commandait *le Léandre*, fut forcé d'en user de même à l'égard de ce navire, et s'en procura un autre pour rapporter en France les produits de sa pêche. Quant au brick *l'Adèle et Marie*, qui faisait, comme à son précédent voyage, la pêche de l'Eléphant de mer, il fit naufrage à la côte des Patagons, environ trois mois après son départ de Nantes. Peut-être faut-il regretter que ces trois navires n'aient pas été recouverts en feutre; mais, lors de leur premier départ, M. Dobrée n'avait pas encore inventé ce puissant moyen de conservation : ces bâtimens, d'ailleurs, étaient de construction américaine.

Pendant le cours des expéditions de M. Dobrée et de M. Dupuis, la maison Maës et Cornau fit partir, en baleinier, son trois mâts appelé *la Comète*. Ce navire qui, comme ceux dont je viens immédiatement de parler, n'avait à bord que des Français, eut quelques succès, et revint au mois de mai 1822, chargé, pour son compte, de 45 à 50 tonneaux d'huile, produit assez faible pour une navigation de douze mois, avec un navire d'une capacité de plus de 300 tonneaux. Messieurs Maës et Cornau ne l'ont pas, depuis son retour, réarmé pour la baleine.

Mais la *Comète* avait, dans ce seul voyage, obtenu un avantage auquel on ne peut rien comparer, et voici comment :

L'Adèle et Marie ayant, comme je l'ai dit, fait

naufrage à la côte des Patagons, son capitaine, M. Coste, homme de tête, retira du navire naufragé tout ce qu'il put sauver. Des voiles il fit des tentes pour son équipage. Près de ces tentes il rassembla les vivres, les ustensiles, les instrumens et tout ce qu'il put retirer du navire tant qu'il y eut possibilité d'y aborder, puis il détermina son équipage à continuer la pêche, le long des échoueries, dans l'espoir (très incertain cependant) que quelque navire apparaîtrait tôt ou tard dans ces parages. La *Comète*, à Messieurs Maës et Cornau, eut ce bonheur, et procura au capitaine Coste celui de sauver tout son équipage, ainsi que tous les produits de la pêche qu'il avait faite depuis son naufrage : environ 120 tonneaux d'huile et du morfil à proportion.

J'arrive à la dix-septième et dernière expédition, faite de notre port : c'est celle du navire *L'Océanie*, appartenant à M. Genevois, ex-président du Tribunal de Commerce. *L'Océanie*, commandée par le même M. Coste dont je viens de parler, est en mer depuis environ six semaines. *L'Océan*, *le Triton et l'Amélie* y seront sous peu de tems. Ces trois derniers sont couverts en feutre. Ils sont tous quatre de construction française et du port de 300 tonneaux chacun. Ils sont approvisionnés d'instrumens et d'ustensiles fabriqués à Nantes. Les quatre équipages se composent de nationaux, et forment ensemble environ cent hommes de mer. Tel est aujourd'hui l'état de la pêche de la baleine pour la place de Nantes (1).

---

(1) On dit que deux autres maisons de Nantes font en ce moment des dispositions pour envoyer aussi faire cette pêche : Ce sont celle de M.me V.e François et celle de MM. Rossel et Boudet.

Mais l'article 6 de l'ordonnance que j'ai citée, offre un dernier problême à résoudre ; c'est celui de doubler le cap Horn et de faire la pêche dans l'Océan Pacifique. Pour établir le point où nous en sommes à cet égard, je suis obligé de revenir en quelque sorte sur mes pas, afin d'arriver ensuite au navire *l'Amélie*, appartenant à notre collègue M. Louis Levesque, navire dont la navigation m'est plus particulièrement connue.

J'ai dit que M. Thébaud avait commandé deux expéditions du *Léandre*. Ce capitaine, convaincu que le premier mérite d'un homme et surtout d'un chef, est de connaître parfaitement tout ce qui fait l'objet de son commandement, s'appliqua aux détails de la pêche de la baleine avec un zèle qui semblait tenir de la passion. Dès son premier voyage sur le *Léandre*, il voulut en pratiquer personnellement tous les exercices. Quoique commandant du navire, il se fit successivement timonier de pirogue, loveur de ligne, harponneur de baleine, etc. (Cela rappelle Pierre I.er travaillant sous le nom de maître Pierre dans les chantiers de Saardam.)

Le zèle et la persévérance de M. Thébaud le rendirent tellement habile à ces diverses fonctions, qu'il offrit de former aux travaux de la pêche un équipage entièrement composé de marins qui ne l'auraient jamais faite, pourvu qu'il eût avec lui seulement un officier ayant déjà quelque connaissance de cette pêche.

C'est en effet ce qu'exécuta M. Thébaud, à son second voyage sur le même navire le *Léandre* : aussi fut-il le premier capitaine de Nantes qui ait pêché des baleines avec un équipage qui ne se composait que de marins français.

Nous avons vu qu'à ce second voyage, le *Léandre*

souffrit tellement en mer que M. Thébaud fut obligé de changer de navire à Rio-Janeiro, pour ramener sa cargaison à Nantes. Ce fut alors qu'il reçut le commandement de *l'Amélie*, que M. Levesque faisait doubler en feutre : avec ce navire, loin de recourir à l'usage de la pompe pour étancher l'eau du fond, M. Thébaud fut au contraire dans le cas d'en introduire par les hauts pour entretenir une humidité convenable. C'est cette circonstance et d'autres plus graves encore qui portent M. Thébaud à se féliciter si fréquemment de l'avantage des enveloppes de feutre.

Parti de Nantes, sur *l'Amélie*, le 28 septembre 1822, M. Thébaud amarina le 17 décembre suivant, sa première baleine. Il en tua d'autres qu'il ne put amener à bon sauvement, à cause de la fureur des vents.

Après avoir lutté pendant près de six semaines et presque sans avantage, pour l'objet de sa navigation, contre les flots d'une mer horriblement agitée, il résolut d'aller franchir le cap Horn et de porter ses tentatives dans les baies de la Terre de Feu. Aussitôt il dirigea *l'Amélie* vers ces lieux de funeste célébrité. Il passa le détroit de Le Maire, détroit dont le nom fournit encore le souvenir d'un de ces négocians riches et entreprenans comme ceux que j'ai signalés plus haut, et qu'on doit honorer partout comme les bienfaiteurs de leur pays.

M. Thébaud vit un grand nombre de baleines franches, soit dans le détroit de Le Maire, soit le long des côtes qu'il parcourut, après l'avoir passé ; mais le mauvais tems ne lui permit pas de les attaquer. Il cotoya l'île l'Hermite, fit le tour de cette extrémité du cap Horn et mouilla dans une anse, à l'ouest de la Terre de Feu : là, il piqua une baleine qui, près d'expirer, emporta néanmoins le harpon et entraîna rapidement les pirogues hors de la vue du navire.

La prudence ne permettant pas d'exposer des hommes à la plus violente agitation de la mer, sur de légères embarcations, les lignes furent coupées, et la seule baleine attaquée par l'*Amélie*, au-delà du cap Horn, fut abandonnée.

Les deux navires de M. Dobrée, *l'Océan* et *le Triton*, partis de Nantes, comme nous l'avons vu, à peu près en même tems que *l'Amélie*, avaient reçu, de leur armateur, l'ordre de doubler le cap Horn : tous deux ont, comme *l'Amélie*, traversé le détroit de Le Maire. Ils ont amariné quelques baleines à la pointe du cap qu'ils ont aussi franchi.

Ainsi, les trois capitaines ont pénétré dans la Mer Pacifique, et si, rigoureusement parlant, il ne suffit pas d'y avoir harponné une baleine, sans l'avoir amarinée, pour être réputé y avoir fait la pêche, il faut du moins convenir qu'on ne peut approcher plus près du point où la double prime se trouve placée, par l'ordonnance du 14 février 1819.

L'Amélie avait été près d'un mois dans ces difficiles parages, quand M. Thébaud lui fit repasser le cap Horn, pour continuer la pêche le long des côtes de l'Est, qui, bien qu'affreuses encore, sont cependant moins dangereuses. Là, moins contrarié par le mauvais tems, il amarina quelques baleines, puis il relâcha au Brésil, pour procurer à son équipage du repos et des rafraîchissemens. Vers la fin de mars 1823, il partit de l'Ile-Grande et fit voile vers la côte d'Afrique, où d'abord il mouilla par les 27° 50 lat.- Sud et 13° 20 long.- Est. Il longea ensuite cette côte, mouilla dans diverses baies, telles que celles d'Elizabeth , Angra-Pequena , Walwick, la baie des Tigres et le port Alexandre. Dans chacun de ces mouillages , il prit et amarina plusieurs baleines. Au commencement de septembre il appareilla pour l'île de Tristan d'Acunha et employa les mois d'octobre , novembre et décembre à compléter sa pêche par les 32°, 33°, 34°, 35° et 36° lat.-Sud et 4° et 5° long.-Ouest.

Alors il se rendit à Saldana, pour y rafraîchir son équipage, soulagement que huit mois consécutifs de mer et de fatigues avaient rendu indispensable.

Enfin, le 14 janvier 1824, il fit route pour la France, et, le 20 mars suivant, il revint à l'embouchure de la Loire , avec tout son équipage en bonne santé , ayant prouvé que la santé de l'homme résiste victorieusement aux rudes et longs travaux de la pêche des baleines, quand un sage commandant sait procurer à propos les soulagemens convenables. M. Thébaud prouvait encore , et pour la seconde fois , qu'on peut aujourd'hui faire en France la pêche de la baleine , sans le concours de marins étrangers.

L'Amélie , le Triton et *l'Océan* se suivirent de très-près pour leur retour à Nantes. Tous trois , chargés en plein d'huile et de fanons , y reparurent dans le cours du même mois. Les navires étaient en bon état , les équipages en santé parfaite. Tous trois avaient été battus par les vents les plus violens , par les tempêtes les plus affreuses ; tous trois avaient affronté les mers les plus orageuses et , cependant , aucun d'eux n'avait fait une goutte d'eau , aucun n'avait éprouvé la plus légère infiltration : c'est qu'ils étaient tous trois recouverts en feutre (1).

____

(1) *L'Océan , le Triton* et *l'Amélie* sont les seuls navires de

L'aptitude et les succès de M. Thébaud sont si bien connus de tous les marins de Nantes , qu'ils ne l'appellent plus que du nom distinctif de Thébaud-Baleine. M. Thébaud, qui ne désire ni ne repousse cette désignation, sait très-bien que, pour un autre , elle pourrait n'être qu'un sobriquet, au lieu qu'elle est pour lui un surnom qu'il est fondé à reconnaître.

Voilà, certes, des progrès fort importans obtenus depuis que M. Dobrée a introduit à Nantes l'industrie maritime dont j'ai l'honneur de vous entretenir , c'est-à-dire depuis sept ans. Si je recherche, à présent, de quels progrès elle serait encore susceptible , peut-être serai-je assez heureux pour éveiller , sur ce point, l'attention de quelques-uns des savans qui m'entendent. Cet espoir, le zèle qui vous anime pour tout ce qui est utile et bon, et d'ailleurs vos dispositions ordinaires de bienveillance pour moi, m'encourageront dans ce qui me reste à vous dire.

De toutes les pêches qui se font sur les mers, il n'en est point de plus difficile, de plus pénible et de plus périlleuse que la pêche de la baleine. Le harponneur court surtout les plus grands risques. On a cherché à les diminuer ; et, dans cette vue , M. Bond a présenté à la Société Royale de Londres un instrument propre à lancer le harpon d'une distance de cent pieds. C'était la baliste de Follard, à laquelle M. Bond avait fait quelques changemens. Il paraît que cet instrument ne

---

Nantes qui , jusqu'à présent, soient garnis en feutre. Il y en a neuf à Bordeaux , et, au commencement d'avril dernier, il y en avait huit cent soixante à Londres.

satisfaisait pas à toutes les conditions ; puisque , depuis le tems , nous ne voyons pas que l'usage s'en soit établi avec durée.

A une autre époque, une prime fut offerte en Angleterre pour le meilleur moyen de lancer le harpon , de loin et dans la direction voulue. M. Bell , sergent d'artillerie , inventa le harpon à canon , dont la description se trouve au tome XI des *Annales des Arts et Manufactures* , page 25. Il y est dit qu'on s'est servi de cette invention avec beaucoup de succès , et que M. Bell a reçu la récompense promise : toutefois , le harpon à canon ne s'est pas maintenu , ce qui conduit à penser qu'il n'était pas encore parfaitement convenable.

On a imprimé , il y a quelques années, que les Anglais ont appliqué à cette pêche leurs fusées à la Congrève. Ce qui est certain à cet égard , c'est que , jusqu'à présent , ce moyen est fort peu pratiqué. Nos baleiniers de Nantes ont vu des pêcheurs anglais dans toutes les anses de la côte d'Afrique , où ils sont allés eux-mêmes ; ils en ont rencontré dans beaucoup d'autres parages méridionaux ; et , partout , les Anglais faisaient la pêche de la baleine de la même manière que nous la faisons jusqu'à présent.

Dans une anse très-près du cap de Bonne-Espérance , les Anglais ont établi une pêcherie permanente de la baleine; ils en ont une autre de même nature dans la baie de Saldagne , et , dans ces deux pêcheries , ils ne harponnent pas autrement que nous (1).

'Toutefois, ce qui a été imprimé des fusées à la Con-

---

(1) M. L.-F. de Tollenare , de Nantes , a lu aussi , à la même séance, des détails curieux et intéressans sur une pêcherie perma-

grève , appliquées à l'attaque des baleines , n'est pas sans fondement. Quelques pêcheurs anglais les ont employées, et, peut-être , il en est qui les emploient encore. M. Thébaud-Baleine a récemment fait venir de ces fusées à Nantes , pour en faire des essais sur notre rivière et rechercher les moyens de les employer utilement pour la pêche à laquelle il se consacre.

Le succès présente d'assez grandes difficultés : toute baleine que le harpon atteint de manière à la faire périr à l'instant, va au fond de l'eau sans pouvoir être amarinée. Elle y emporte avec elle le harpon , et y entraînerait les pirogues, si on ne s'empressait de couper les lignes. Dans ce cas, la baleine, le harpon et les lignes sont perdus sans aucun espoir (1).

Si la baleine n'est pas blessée suffisamment, ou du moins dans l'endroit qui paraît être le seul convenable , elle fuit avec une rapidité qu'on croirait à peine d'un animal aussi volumineux. Il faut encore couper les lignes et les abandonner sans retour, ainsi que le harpon et la baleine.

Ces deux inconvéniens font que, presque toujours et dans tous les voyages de pêche , on tue un grand nombre de baleines sans aucun résultat utile : pour obtenir le produit de 3o baleines , il faut quelquefois en avoir fait périr plus de 1oo. C'est une destruction épou-

---

nente qu'il a vue établie au Brésil. Sa notice se trouve à la suite de ce mémoire, M. de Tollenare ayant bien voulu, à ma prière, me permettre de l'y joindre.

(1) Les Basques attachaient une courge sèche à l'extrémité de leur ligne , et, quand ils étaient obligés de la filer tout entière , la courge flottant sur l'eau leur servait d'indice pour retrouver la baleine. (Us et coutumes de la Mer.)

vantable ; c'est en même-tems une énorme consommation de harpons et de lignes (1).

Mais quand la baleine est frappée de sorte qu'elle
perde beaucoup de sang, alors elle s'affaiblit promptement ; elle est forcée de revenir sur l'eau pour rejeter
une partie de son sang et pour respirer. Les chaloupes
se hâtent d'en approcher, et on achève de la tuer à grands
coups de lance, en évitant surtout sa terrible queue,
dont les coups seraient funestes. On remorque la chaloupe qui tient les lignes, et bientôt la baleine est
amarrée le long du navire qu'on a soin de tenir le plus à
proximité possible.

Peut-être faudrait-il employer simultanément le
harpon et la fusée, lancés l'un et l'autre du bord même
du navire ; la fusée pour tuer à l'instant, le harpon pour
saisir, empêcher de couler à fond et pour amariner. Je
livre cette idée aux personnes qui, plus habiles que moi,
voudront exercer leurs méditations sur ce point On sent
combien il serait précieux de trouver un moyen par
l'usage duquel toute baleine attaquée fût immanqua-
blement une baleine amarinée. Chaque navigation de
pêche en serait abrégée de plus de moitié. On sent
d'ailleurs combien d'autres conséquences avantageuses
se trouvent renfermées dans la solution de ce seul
problême.

---

(1) Si on considère le nombre et l'avidité des pêcheurs de toutes
les nations, qui poursuivent la baleine dans toutes les parties de
l'Océan, et la voracité des ennemis naturels qui lui font la guerre
dans toutes les Zónes, tels que le squale-requin, le squale-scie, le
dauphin-gladiateur, etc., on doit présumer que cette espèce gigan-
tesque finira par ne plus subsister que dans le souvenir des
hommes. La nature n'est immortelle que dans son ensemble.

On doit à François Soupitte la pratique de fondre la graisse de la baleine à bord des bâtimens pêcheurs, en pleine mer (1). Il l'enseigna aux Basques. Les Hollandais refusèrent long-tems de l'adopter : elle est en usage aujourd'hui chez tous les peuples, excepté les Brémois et les Hambourgeois (2), d'où il suit que les produits de nos pêches nous arrivent en l'état où ils sont livrés à nos fabriques.

Mais, parmi les huiles, nous avons celle de cachalot, qui obtient en Angleterre un prix très-élevé, tandis qu'en France elle se vend à peine au taux des autres huiles de baleine.

L'huile de cachalot est recherchée en Angleterre, pour la préparation des laines destinées au tissage : elle s'y emploie pour les mécaniques, pour les machines à vapeur, pour les phares, pour les éclairages publics, pour les lampes domestiques, et, dans ces différens emplois, elle est

---

(1) L'espace occupé à bord par les matières qui, dans les graisses, ne se convertissent pas en huile, l'odeur infecte qu'elles exhalent par suite de leur corruption ne sont pas les seuls inconvéniens qui aient porté les Basques à rechercher les moyens de faire leurs huiles en pleine mer : ce sont surtout les persécutions qu'ils éprouvaient de la part des Anglais. Ceux-ci, jaloux d'une industrie qu'ils ne partageaient pas encore, les inquiétaient partout où ils pouvaient le faire, et avaient terminé par les repousser de l'Islande et du Groenland où les Basques attérissaient pour y faire leurs fontes de graisses. Des plaintes en furent portées à Louis XIII et au cardinal de Richelieu; mais des affaires plus importantes empêchèrent le ministère de donner suite à leurs réclamations.

(2) Il y a entre Hambourg et Altona des usines destinées à la fonte des graisses de poisson. Il en est de même aux environs de Bremen.

préférée à toute autre espèce d'huile (1). C'est ce qui lui fait trouver un prix tellement supérieur que, malgré 600 francs de droits par tonneau d'huile, que nous payons de plus que les navires anglais pour l'introduire en Angleterre, nos armateurs ont encore de l'avantage à y envoyer toutes celles que produisent nos propres pêches.

J'ai recherché le but que pouvait avoir eu notre ministère en excitant, par la double prime, nos armateurs à faire établir leurs pêches dans la Mer Pacifique ; j'en ai conféré avec nos marins : tous m'ont paru l'ignorer. Ce serait, m'ont-ils dit, des efforts et du tems perdus : le cachalot est la seule espèce de baleine que l'on trouve dans la Mer Pacifique; son volume est moindre que celui de la baleine franche ; il fournit conséquemment moins d'huile, et, encore, cette huile ne trouve pas en France des débouchés suffisans pour dédommager nos équipages de la longue durée de leurs travaux.

Cependant, il me parait assûré que c'est précisément à la pêche du cachalot que le ministère veut engager , par l'offre d'une double prime ; mais, en l'état des choses , il est clair que le but ne sera pas atteint (2).

On peut bien s'exposer à des dangers pour traverser

---

(1) Nos filateurs de coton se servent d'huile de pieds de bœuf pour leurs mécaniques : je crois qu'en Angleterre c'est encore l'huile de cachalot qui est employée à cet usage.

(2) Ce sont les Américains des Etats-Unis qui, jusqu'à présent, font plus particulièrement la pêche dans la Mer Pacifique. Ils s'élèvent jusqu'aux îles Gallapago, sous la ligne, et même jusqu'aux côtes du Mexique , versant sur les points qu'ils peuvent atteindre des produits d'Europe, en échange desquels ils reçoivent des métaux précieux ; puis , ils vont faire ou continuer leur pêche.

le détroit de Magellan, ou pour doubler le cap Horn, quelque périlleux qu'il soit : le péril n'a jamais arrêté des Français ; mais se livrer à des travaux jugés infructueux en dernier résultat, c'est ce qu'il sera toujours extrêmement difficile d'obtenir.

Pourquoi donc les Anglais mettent-ils un si haut prix à l'huile de cachalot, et comment la rendent-ils plus propre que d'autres à beaucoup d'emplois ?

C'est d'abord parce que l'huile de cachalot a réellement des propriétés particulières qui, généralement parlant, ne sont pas assez connues en France ; c'est ensuite parce que cette même huile est soumise en Angleterre à des épurations et préparations qui ne sont pas encore pratiquées parmi nous.

M. Braconnot et M. Chevreuil se sont récemment occupés des substances graisseuses. Il résulte de leurs analyses et de leurs expériences qu'elles contiennent toutes de l'huile, proprement dite, et du suif. M. Braconnot est parvenu, par le moyen de la pression dans du papier gris, à séparer l'une de l'autre ces deux substances, et même à déterminer, pour plusieurs espèces de corps graisseux, la proportion dans laquelle chacune d'elles s'y rencontre. Les mémoires de ces deux savans se trouvent consignés, par des extraits seulement, dans des journaux scientifiques (1), et ces sortes de journaux ne sont lus que du petit nombre des amateurs des sciences, ce qui fait que les connaissances utiles ne se répandent qu'avec beaucoup de lenteur et beaucoup de tems.

---

(1) Journal de Pharmacie, vol. 1, p. 372 et 385. — Vol. 2, p. 497. — Vol. 3, p. 15 et 79. — Vol. 4, p. 263.

Au reste, voici comment on opère en Angleterre : l'huile de cachalot est d'abord filtrée à travers un blanchet ou une chausse de laine, à peu près de la même manière que nos confiseurs filtrent leurs sirops. Cette première opération dégage l'huile des petites portions de chair, des fibres et des fibrilles qui y sont restées lors de la fonte des graisses en pleine mer.

Cette huile, ainsi épurée, est ensuite enfermée dans des sacs de cuir ou de crin d'un tissu très-serré, et, soumise à une forte pression. L'huile en sort légère, limpide et transparente ; le suif qu'elle contenait reste dans les sacs ; il subit de nouvelles préparations, et, comme il est de même nature que la substance connue dans le commerce sous le nom inexact de sperme de baleine, il est employé aux mêmes usages.

Tout le monde sait que le sperme ou blanc de baleine n'est autre chose que la substance médullaire du cerveau, et la moëlle épinière du cachalot.

S'il ne s'agissait que d'obtenir du blanc de baleine, on pourrait encore, par des combinaisons particulières, convertir entièrement en cette substance l'huile de cachalot, séparée du suif qu'elle renfermait. M. Athenas, notre vice-président, s'est autrefois occupé de recherches à cet égard, et il a sur cela des connaissances dont quelques analogies rendent l'efficacité parfaitement probable. Mais, tout en retirant du suif de cachalot un parti fort avantageux, c'est l'huile même de ce cétacée que les Anglais recherchent et que, comme je l'ai dit plus haut, ils emploient, ainsi purifiée, à un très-grand nombre d'usages (1).

---

(1) Nos plus grands consommateurs d'huile de poisson sont nos

Les sciences, plus actives que jamais, s'empressent d'offrir de tous les points de la France à l'agriculture, aux arts et au commerce le produit de leurs veilles, de leurs méditations et de leurs expériences ; mais c'est au ministère, c'est à M. le Directeur-Général du commerce et des manufactures qu'il appartient de donner aux découvertes les plus utiles toute la publicité désirable. Il peut, relativement aux faits déjà connus sur les huiles, et aux préparations dont elles sont susceptibles, répandre avec abondance les écrits des savans qui ont travaillé sur cette partie de nos richesses nationales. Il peut créer ou provoquer des établissemens pour la fabrication du blanc de baleine et pour l'épuration des huiles provenant de nos pêcheries. Il peut favoriser ces établissemens en ordonnant, pour ce qui concerne l'administration publique, l'emploi de ces mêmes huiles (1). Il peut adresser des invitations à nos divers fabricans d'étoffes de laine, sur tous les points du

---

tanneurs et nos corroyeurs ; encore existe-t-il en France des fabriques qui, avec des huiles et des graisses végétales, font des huiles dites de poisson, et donnent à celles-ci, par un mélange d'huile véritable de tel ou tel autre poisson, l'odeur qu'elles doivent avoir. Les fabricans qui les emploient savent très-bien que ce sont des huiles imitées, et en paraissent satisfaits.

(1) Nous sommes loin encore du moment où nos pêches fourniront assez d'huile pour suffire à tous les usages auxquels elle peut être employée en remplacement de l'huile végétale. D'ici à ce moment, nos agriculteurs des départemens, où se cultivent plus particulièrement les plantes oléagineuses, peuvent introduire peu à peu dans l'ordre de leurs rotations la culture des plantes textiles et tinctoriales dont, pour la plupart, les produits nous sont fournis par l'étranger.

royaume, et, par tous les moyens dont il dispose, mettre bientôt l'industrie française au niveau de l'industrie anglaise, quant aux produits de la pêche des cétacées.

Outre les améliorations considérables qui résulteraient de ce puissant bienfait, et qu'il est facile de pressentir, le ministère assurerait, par là, l'exécution des vues exprimées par l'art. 6 de l'ordonnance du 14 février 1819.

D'ailleurs, il est d'une importance extrême et urgente de conserver à nos pêcheurs tous les avantages qu'ils peuvent naturellement se promettre de leurs longs et pénibles travaux. Les moyens que j'indique, à l'égard des huiles de cachalot, ajouteraient beaucoup aux espérances que nous pouvons avoir jusqu'à présent, de soutenir en France l'entreprise d'une industrie qui a si heureusement commencé sur notre point.

Ces espérances, Messieurs, on sera porté à les ériger en certitudes, si on considère que nous sommes aujourd'hui fort au-delà des premiers essais ; que déjà un bon nombre de marins sont formés à la pêche et peuvent en former tous les jours de nouveaux ; que plusieurs capitaines et officiers en connaissent parfaitement tous les détails ; qu'ils ont acquis des notions sur les lieux vers lesquels ils doivent diriger leurs recherches, et les époques auxquelles il convient de les y établir. On sera porté à regarder l'entreprise comme devant nécessairement s'acclimater de plus en plus, si, faisant attention à ce que je viens d'en dire, on remarque que toutes nos expéditions ont plus ou moins réussi, et que quelques-unes ont été aussi complétement heureuses qu'on pouvait raisonnablement l'espérer.

Cependant, cette opinion pourrait n'être qu'une erreur. Il paraît certain, au contraire, que la pêche de la

baleine ne se soutiendra point , à moins que le gouvernement ne l'environne de nouveaux appuis et qu'il
ne lui fournisse ces appuis le plus promptement possible.

Déjà plusieurs des armateurs d'ici , qui l'avaient entreprise , semblent y avoir renoncé ; déjà elle est au
Hâvre-de-Grâce dans un tel état de décadence, qu'on
la juge menacée d'un abandon total et prochain.

Malgré les encouragemens accordés par notre gouvernement , nous ne pouvons lutter contre les pêcheurs
étrangers : ils ont comme nous des primes , ils arment
à meilleur compte , ils naviguent à moins de frais.

Les armemens pour la pêche de la baleine exigent
l'emploi d'une quantité considérable de fer que les
étrangers ne paient qu'environ le tiers de ce qu'il nous
coûte en France. Il en est de même du charbon de
terre nécessaire pour la fabrication de ce fer , et les
inconvéniens qui résultent pour nous de cet ensemble
de choses , ne sont pas compensés par la quotité du
droit actuellement établi sur les huiles importées en
France par navires étrangers.

Ce droit protecteur, mais trop faible , n'empêche pas
les débordemens du trop plein des autres nations. Tout
le midi de la France , à partir depuis Nantes , est
exclusivement et surabondamment approvisionné en
huiles de poisson par les Anglais et par les Américains
des États-Unis.... J'éprouve , en le disant , un sentiment
pénible , que vous partagez sans doute.

L'effet de ces débordemens est d'arrêter la vente du
produit de nos pêches : ces produits restent dans les
magasins de nos armateurs ou n'en sortent qu'à des
prix fort médiocres : les équipages , dont ils sont en
partie la propriété , cessent d'y trouver un dédommage-

ment suffisant des travaux et du tems qu'ils ont mis à les faire naître ; inconvénient augmenté encore par notre désavantage sur les huiles de cachalot , ainsi que je l'ai dit précédemment.

D'un autre côté , on peut croire que les nations voisines ne voient qu'avec beaucoup de déplaisir notre tendance à reconquérir la pêche des baleines. Ce déplaisir , quelquefois exprimé à nos baleiniers par les baleiniers étrangers , se manifeste encore par les prétentions exclusives que ceux-ci élèvent sur quelques baies de la côte d'Afrique , ce qui porte un grand nombre de nos marins à penser et à dire qu'outre les primes d'encouragement pour la pêche , les nations étrangères donnent encore des primes pour l'introduction de ses produits en France (1).

Quoi qu'il en soit de cette dernière assertion , qui n'est peut-être que chimérique , il est facile de voir que , si le gouvernement n'apporte aucun remède aux maux trop réels qui pèsent sur nos entreprises de pêche , celles-ci, loin de parvenir au degré de succès que nous sommes fondés à espérer , doivent nécessairement tomber, et laisser encore une fois notre commerce et notre industrie privés des avantages qui s'y rattachent.

---

(1) Les Anglais tiennent beaucoup à leur pêche de la baleine comme moyen politique de former des marins intrépides. Ils y tiennent tellement que l'éclairage de Londres par le gaz , a failli être rejeté à cause du tort qui doit en résulter pour la consommation de l'huile de poisson. Ce nouveau genre d'éclairage n'a été adopté qu'avec la condition qu'il n'aurait lieu que pour un quartier de la ville, successivement chaque année. De plus , il a été donné avis de cette mesure au commerce d'Angleterre par tous les journaux de cette nation.

Déjà , j'ai, pour ainsi dire, indiqué le remède : il consiste à élever le droit perçu aujourd'hui à l'entrée en France des huiles provenant de pêches étrangères. Ce droit me semble devoir être porté au double de ce qu'il est maintenant. A ce taux, il peut protéger efficacement nos produits , sans avoir aucun des inconvéniens justement reprochés par un de nos collégues aux prohibitions absolues (1).

Indépendamment de cette mesure , je regarde , comme d'une haute importance , et j'ose dire comme d'une nécessité urgente , généralement parlant, la remise en vigueur de notre acte de navigation du 21 septembre 1793. C'est le vœu du commerce , c'est celui de l'industrie et par conséquent celui de l'agriculture , puisqu'il est reconnu que les intérêts de ces trois sources de toute richesse nationale , sont inséparables.

Mais , Messieurs , je ne perds pas de vue que nos fonctions finissent précisément au point où commencent celles de l'administration. Ma tâche se réduisait à vous exposer l'état actuel d'une branche d'industrie , nouvelle pour notre port , la marche qu'elle a suivie dans ses progrès , quelques moyens de les accroître encore , et ceux surtout de soutenir cette même industrie dans laquelle tout est le produit du travail. J'ai rempli ma tâche selon ma portée. Je désire que vous y trouviez , du moins , un témoignage de mon zèle à fournir mon faible contingent dans la grande contribution d'efforts que vous ne cessez de faire tous les jours , pour le développement des trois pricipales bases de la prospérité publique.

---

(1) *Essai sur les entraves que le commerce éprouve en Europe,* par M. L.-F. de Tollenare ; Paris, 1820; chez Janet et Cotelle, libraires. -- Se trouve aussi à Nantes , à la librairie du *Lycée.*

PÊCHE DE LA BALEINE

SUR LES COTES DU BRÉSIL,

PAR L. F. DE TOLLENARE.

Tandis que nous autres Européens, sommes contraints, pour pêcher la baleine, d'équiper à grands frais des bâtimens de choix, qui vont chercher ce cétacée dans les mers glaciales ou dans le voisinage du cap Horn, les négocians de Bahia peuvent se livrer au même genre d'industrie, sans plus d'apprêts que n'en exige sur nos côtes la pêche de la sardine, ou celle du hareng.

Dès le mois de juillet, les baleines s'approchent de cette portion des côtes du Brésil, qui se trouve entre le 8.ᵉ et le 20.ᵉ degré de latitude méridionale. Elles entrent dans la magnifique *Baie de Tous les Saints*, et viennent s'ébattre jusqu'au milieu des bâtimens mouillés à 200 toises du quai de la ville. La poursuite dont elles sont l'objet, ainsi que leur capture, forment un spectacle dont le négociant peut jouir de la croisée de son comptoir.

Tous les matins, pendant les quatre à cinq mois que dure la pêche, la baie se garnit de 50 à 60 chaloupes qui y croisent à la voile, en recherche des baleines. Celles-ci manifestent leur présence par leurs bonds et par les jets d'eau qui jaillissent de leurs évens.

Chaque chaloupe a environ 36 pieds de long; elle

coupe la lame par la poupe comme par la proue, afin de manœuvrer aisément dans les deux sens. Construite à *clin*, mais plate dans le fond pour faciliter l'échouage, elle est d'une légèreté admirable. Elle ne reçoit qu'un mât, sur lequel se hisse une voile à deux tiers de vergue. L'équipage consiste en dix nègres ou mulâtres, propriétés de l'armateur; huit sont de simples rameurs; des deux autres, l'un est le patron ou timonier, l'autre, le harponneur.

Un armement se compose ordinairement de plusieurs chaloupes, car il faut à peu près cerner la baleine, qui, si elle fuit les embarcations d'un côté, tombe nécessairement sous la portée des autres. On la poursuit à la voile jusqu'à ce qu'elle soit frappée.

Le harponneur est placé debout à la proue, ayant près de lui plusieurs fers préparés : il est en arrêt, tenant un de ces fers à la main. Lorsqu'il se voit à 15 ou 18 pieds de sa proie, il lance son harpon avec vigueur. On peut juger de la force de cet effort, en voyant que pour atteindre aux premiers muscles de l'animal, il faut traverser et la peau et une masse de lard de près de 12 pouces d'épaisseur. Aussitôt que la baleine est touchée, on cargue la voile : le harpon, qui ne tenait à son bois que par une douille très-large, s'en détache et reste cependant retenu à la chaloupe par une corde dont on file rarement plus de vingt brasses. Chacun des mouvemens de l'animal blessé et furieux entraîne donc la chaloupe, et, vu l'irrégularité de ces mouvemens, le risque d'être chaviré ne peut être évité que par une grande dextérité. Le harponneur, toujours debout sur la proue, indique au patron, par des signes convenus, tous les brusques changemens de

position de sa victime, et celui-ci gouverne en consé-
quence. Le dangereux débat entre le puissant monstre
et le frêle esquif dure depuis 30 minutes jusqu'à 3 et
4 heures; il présente un spectacle effrayant. Le harponneur redouble ses attaques, la baleine rougit les flots
de son sang, plonge, donne des coups de sa formi-
dable queue, entraîne la chaloupe jusqu'à deux et trois
lieues dans la haute mer, et meurt enfin d'épuisement,
sans avoir pu se dégager des liens de ses persévérans
capteurs.

Aussitôt qu'elle est morte, un pavillon en donne le
signal à l'armateur qui le guette de la ville. Un cable
plus fort lie la baleine derrière la chaloupe, on l'entraîne à la remorque, après avoir mis à la voile, et,
saisissant le moment de la marée haute, on vient
l'échouer dans une crique, aux acclamations de tout le
voisinage.

On procède au dépecement, quand la mer est retirée,
mais sans que l'animal ait pu être mis complétement à
sec, malgré le travail des treuils au moyen desquels on
s'est efforcé de le tirer à terre. Un nègre, armé d'un
couteau emmanché dans un bois de quatre pieds, fait
une coupe longitudinale de la tête à la queue, puis
d'autres transversales dans le sens des côtes : il détache
et fait tomber des morceaux de lard de 2 à 300 livres,
qui surnagent, et que d'autres nègres attirent avec des
crocs : ils les emportent ensuite à l'usine où doit se
fabriquer l'huile.

La préparation de l'huile est fort simple. On coupe le
lard par morceaux d'environ deux livres, on le met
dans des chaudières de fer; l'action du feu le fait fondre
en moins d'une heure, et il ne se fige plus. Une usine

munie de 24 chaudières , de la contenance d'environ 1o veltes chacune, peut fondre une baleine ordinaire, de 6o pieds , en 24 heures. La disposition de ces établissemens n'a rien de bien ingénieux : chaque chaudière à séparement son fourneau à cendrier ; cependant, un conduit commun sert à l'évacuation de la fumée.

La longueur des baleines , qu'on prend dans la *Baie de Tous les Saints* , varie de 6o à 8o pieds. Lorsque les pêcheurs se sont rendus maîtres d'un baleineau , ils sont à peu près sûrs de harponner la mère, que sa tendresse empêche de s'éloigner. Le baleineau appartient alors au harponneur

On peut se faire une idée des produits de la pêche de la baleine , dans la baie de Bahia , par les aperçus que voici :

Une baleine de 6o pieds rend 3o à 4o pipes d'huile , chaque pipe contient 7o *canadas* , mesure à peu près égale à notre velte de 8 pintes. Le canada se vend de 6oo à 1ooo réis. On peut compter le prix commun à 8oo réis , ou 5 francs de notre monnaie. La chair de l'animal est loin d'être perdue , comme il arrive dans la pêche hauturière. Le bas peuple l'achète par morceaux de la valeur de 8 à 1o francs , et en fait sa nourriture. On en tire quelquefois, d'une seule baleine, pour 5 à 6oo,ooo réis (3ooo à 37oo fr.) Si l'on suppose qu'elle ait donné en chair 2ooo arobes de 32 livres , c'est de 2 à 3 sous la livre , 25 pour cent de moins que la viande de bœuf.

Calculons qu'une baleine donne 25 pipes, ou 75o canadas d'huile à 5 francs le canada , et une valeur en chair de 2 à 3ooo francs , elle aura rapporté environ 11,ooo francs. Cela s'accorde assez avec l'estimation commune de 4000 creusades , ou 10,000 francs qu'on donne , dans le pays , à un animal de moyenne grosseur. Mais dix mille francs forment toute la valeur du premier établissement d'une pêcherie , atelier des chaudières compris ; on voit donc qu'elle est remboursée par une seule capture.

On ne tire des baleines de cette côte, ni fanons, ni spermacéti. Ainsi que dans toutes les autres pêches , les armateurs ont , à Bahia , à courir la chance des saisons défavorables. En 1816 (époque de mon séjour dans le pays) on avait pris 230 baleines, dont le profit net peut être estimé 2,000,000 de francs : l'année n'avait pas été réputée d'un rapport extraordinaire.

Comme on vend l'huile dans les vases de l'acheteur , et que la tonnelerie est fort cher au Brésil , le négociant français, qui croirait pouvoir y spéculer , ferait sagement d'envoyer de France les futailles qu'il aurait fait confectionner sous ses yeux.

La médiocrité des frais à débourser, pour établir les pêches sédentaires, paraît présenter le danger d'une fâcheuse concurrence pour les armemens de pêche à la mer , qui se font si dispendieusement dans les ports de l'Europe. Ce point de vue pouvait exciter l'attention de gouvernemens qui verraient jour à ouvrir des négociations pour former des établissemens sur quelques côtes à peu près sans maîtres , où s'installeraient des pêcheries à l'instar de celles de Bahia : alors les navires d'Europe ne seraient employés qu'au transport des huiles fabriquées à terre.

www.ingramcontent.com/pod-product-compliance
Lightning Source LLC
LaVergne TN
LVHW021048050726
842519LV00003B/1062